DIE
BESTÄTIGUNG DER ATOMLEHRE

DURCH DIE

RADIOAKTIVITÄT

VORTRAG, GEHALTEN AM 16. FEBRUAR 1913

ZUM

50 JÄHRIGEN STIFTUNGSFESTE

DES

VEREINS FÜR NATURWISSENSCHAFT IN BRAUNSCHWEIG

VON

Prof. Dr. H. GEITEL

BRAUNSCHWEIG

DRUCK UND VERLAG VON FRIEDR. VIEWEG & SOHN

1913

ISBN 978-3-322-98038-0   ISBN 978-3-322-98665-8 (eBook)
DOI 10.1007/978-3-322-98665-8

Softcover reprint of the hardcover 1st edition 1913

Als der verehrte Vorsitzende unseres Vereins an mich die sehr ehrenvolle Aufforderung richtete, am heutigen 50 jährigen Stiftungsfeste zu Ihnen über einen physikalischen Gegenstand zu sprechen, da wurde mir die Wahl des Themas durch die Vergangenheit des Vereins nahegelegt.

Bei dem großen Umfange der Wissenschaften von der Natur kann eine Gesellschaft wie die unsrige, wenn ihre Tätigkeit nicht der Gefahr einer Verflachung ausgesetzt werden soll, die Pflege von Sondergebieten nicht entbehren. Neben wissenschaftlichen Zeitfragen, die das allgemeine Interesse erregten, haben daher auch bei uns die besonderen Neigungen der Mitglieder in der Regel die Gegenstände bestimmt, die uns bei unseren Zusammenkünften beschäftigten. Mit Freude und Dankbarkeit erinnere ich mich der zoologisch-paläontologischen Periode der Vereinstätigkeit in den 80 er Jahren des vergangenen Jahrhunderts, als Alfred Nehring und Wilhelm Blasius von ihren Funden aus der Eiszeit berichteten und uns ein Bild von der Tierwelt unserer Heimat aus den Tagen entwarfen, als noch der große nordische Gletscher seine Eismassen bis an den Fuß des Harzes vorschob.

In dieselben 80 er Jahre fällt für die Physik der Beginn einer Reihe unerwarteter Entdeckungen. Durch die Arbeiten von Clerk Maxwell und Heinrich Hertz war das Licht als ein elektromagnetischer Vorgang erkannt. Diese Einsicht zeitigte eine Folge von Untersuchungen über eine andere Strahlenart von unzweifelhaft elektrischem Ursprunge, die als Begleiterscheinung elektrischer Entladungen in Vakuumröhren beobachtet war, der von Plücker entdeckten und von Hittorf, Goldstein, Crookes, Lenard u. a. erforschten Kathodenstrahlen. Eine Frucht dieser Arbeiten war der glänzende und auch praktisch so wertvolle Fund der Röntgenstrahlen. Aber nicht genug damit; die wissenschaftliche Bewegung, die von der Entdeckung dieser neuen Strahlungsform ausging, half einen anderen Vorgang ans Licht ziehen, der unbemerkt von der Forschung im vollen Bereiche ihrer Hilfsmittel sich von jeher abgespielt hatte, die allmähliche Umwandlung gewisser chemischer Grundstoffe, die mit ganz neuartigen Strahlungserscheinungen verbunden war. Die Entdeckung der radioaktiven Vorgänge durch Henri Becquerel, insbesondere die Isolierung des Radiums durch Herrn und Frau Curie und Herrn Bémont hat ein neues Gebiet der Physik und Chemie erschlossen, auf dem sich der Forschungseifer nun seit 17 Jahren betätigt.

Es entspricht den Tatsachen, wenn wir sagen, daß unser Verein diese Entwickelung nicht nur unter der größten Teilnahme verfolgt, sondern zum Teil miterlebt hat, zu einer Zeit, als man an anderen Orten noch Skepsis und Zurückhaltung gegenüber den neuen Entdeckungen zeigte. Konnte doch schon in der Sitzung vom 12. Dezember 1901 Herr Professor Giesel die Strahlung selbstgefertigter Radiumpräparate am Leuchtschirm vorführen.

Ich möchte nun heute aus der großen Fülle von Aufschlüssen und Erkenntnissen, die uns die Arbeiten auf dem Felde der Radioaktivität gebracht haben, ein Ergebnis herausheben, dessen Bedeutung nicht auf praktischem Gebiete liegt, das aber von größtem Werte für die Treue des Bildes ist, das wir uns auf Grund der physikalischen und chemischen Erfahrungen von der Körperwelt machen dürfen. Um es kurz zu sagen, diese Forschungen haben den bündigen, unmittelbar überzeugenden Beweis dafür geliefert, daß die

Materie aus kleinsten Teilchen von endlicher Größe, aus Atomen, zusammengesetzt ist.

Man wird mir einwenden, daß die Vorstellung von Atomen ja uralt sei. Gewiß, schon Demokrit und Epikur haben sie als die Elemente alles Vorhandenen eingeführt und Lucretius Carus hat in seinem Lehrgedichte „De rerum natura" ein Weltbild auf dieser Grundlage aufgebaut, das in manchen Zügen, abgesehen von dem Fehlen jeder quantitativen Betrachtung, in wunderbarster Weise an moderne Gedankengänge erinnert.

Die Chemie ist seit John Dalton gewohnt, die Atome als unentbehrliches Hilfsmittel zur Veranschaulichung chemischer Vorgänge zu gebrauchen, in so vollkommener Weise, daß dem heutigen Chemiker die Bilder zusammenhängender Atome, die durch ihre Valenzen wie durch Haken aneinandergehalten werden, ebenso vertraut sein müssen, wie die realen Stoffe, deren Elementarteile, Moleküle, eben durch diese Bilder dargestellt werden. Fragen wir einen Synthetiker, wie eigentlich Indigo oder Chinin aussieht, so wird er kaum noch die Antwort „blau" oder „weiß" finden, sondern uns ein Gewebe von Linien aufzeichnen, die die verknüpfenden Fäden eines Bündels von Atomen von Kohlenstoff, Wasserstoff, Sauerstoff, Stickstoff bezeichnen sollen. Neue chemische Stoffe sind vielfach früher auf dem Papier als in der Wirklichkeit gefunden.

Auch die theoretische Physik hat, um nur ein Beispiel zu nennen, bei der Erforschung der Eigenschaften der Gase den Atom- und den daraus hergeleiteten Molekülbegriff in so fruchtbarer Weise angewandt, daß sie das Verhalten der gasförmigen Körper unter gegebenen Bedingungen im wesentlichen voraussagen kann, indem sie die Gase als aus kleinsten Teilchen bestehend annimmt, die in stetiger ungeordneter Bewegung begriffen sind.

In der Tat, kein Verständiger wird leugnen, daß die Hypothese von der atomistischen Zusammensetzung des Stoffes der Chemie und Physik schon seit langer Zeit nicht nur zur wissenschaftlichen Beherrschung bekannter Tatsachen, sondern selbst zur Auffindung neuer verholfen hat. Alles in allem lag ein Indizienbeweis für ihre objektive Richtigkeit vor, der der Mehrzahl der Fachleute zwingend erschien. Doch darf immerhin daran erinnert werden, daß noch im Jahre 1903 der Chemiker Franz Wald unter lebhafter Anerkennung Wilhelm Ostwalds den Atombegriff gerade auf dem ureigensten und am wenigsten bestrittenen Gebiete, der Stöchiometrie, durch ganz andere, aus der Energetik entlehnte Vorstellungen zu beseitigen versuchte.

Was eben noch fehlte, wurde von dem Physiker und Chemiker kaum zu erhoffen gewagt, wohl auch gegenüber dem großen Tatsachenmaterial zugunsten der Atomtheorie meist nicht einmal als fehlend empfunden. Es trat aber klar hervor in der naiven Frage des Nichtfachmannes, wenn von Atomen die Rede war: „Ja, hat man denn überhaupt schon einmal ein Atom gesehen?"

Wir sind jetzt imstande, hierauf mit einem schlichten „Ja" zu antworten, wenn wir uns nur zuvor darüber verständigt haben, was uns in diesem Falle der Ausdruck „Sehen" bedeuten muß.

Ein Gesehenwerden im gewöhnlichen Sinne, eine Wahrnehmung mittels des freien oder bewaffneten Auges, ist ja selbst bei Körpern ausgeschlossen, deren Dimensionen (wie etwa bei den allerkleinsten Krankheitserregern) gegen die der Atome noch sehr groß zu nennen sind. Beruht ja doch das Sichtbarwerden eines nichtleuchtenden Gegenstandes auf Störungen, die er in dem Gange der Lichtwellen verursacht. Damit diese Wirkung dem Auge bemerkbar werde, darf die Größe des Körpers nicht unter ein gewisses, durch die Länge der Lichtwellen gegebenes Maß (höchstens $^1/_{10\,000}$ mm) herabsinken, ebensowenig wie unser Ohr etwas von den Störungen empfindet, welche die Gegenstände dieses Raumes an den viel längeren Schallwellen verursachen. Ein direktes Sehen durch zurückgeworfenes oder hindurchgelassenes gewöhnliches Licht ist demnach bei dem einzelnen Atome sicher ausgeschlossen. Aber auch die seitliche Zerstreuung des Lichtes, die an kleinen materiellen Körpern stattfindet und die man neuerdings in dem sog. Ultramikroskop praktisch zur Erkennung kleinster Stoffteilchen ausnützt, dürfte nur dann den Molekülen gegenüber vielleicht einmal zum Ziele führen, wenn die Kraft der verfügbaren Lichtquellen noch weit über das bis jetzt erreichte Maß gesteigert werden könnte.

Aber es lassen sich andere Bedingungen finden, unter denen das einzelne Atom zwar nicht selbst die Lichtwellen merklich beeinflußt, unter denen es aber als Individuum Wirkungen ausübt, die ihrerseits mit dem Auge wahrnehmbar sind. Auch in diesem Falle kann man von einem Sichtbarwerden des Atomes sprechen, in gleicher Weise etwa wie eine Flintenkugel in einem Abstande von einigen hundert Metern vom Auge unsichtbar ist, aber sofort sich bemerkbar macht, sobald sie bewegt ist und beim Aufschlagen auf den Boden Staub und Erde emporspritzen läßt.

Dieses Bild von dem fliegenden Geschosse ist mehr als eine künstlich herbeigezogene Analogie, es trifft das Wesen derjenigen Erscheinungen, von denen ich zu Ihnen sprechen möchte.

Wir haben in der Tat winzig kleine Projektile zu unserer Verfügung, die sich mit ungemein großen Geschwindigkeiten bewegen, sie werden uns ohne unser Zutun von den radioaktiven Körpern geliefert und sind nichts anderes, als die Atome eines chemisch und physikalisch wohlbekannten Stoffes.

Der Weg, der zu dieser Einsicht geführt hat, ist so merkwürdig und anziehend, daß es sich lohnt, ihm von Anfang an nachzugehen.

Kirchhoff und Bunsen hatten in den Jahren 1859/60 ihre Methode der Spektralanalyse begründet; jenes jetzt allgemein bekannte Verfahren, aus der Natur des Lichtes selbstleuchtender gasförmiger Körper auf deren chemische Zusammensetzung zu schließen. Die erste Frucht war die Entdeckung bis dahin unbekannt gebliebener chemischer Elemente auf der Erde, die zweite der Nachweis, daß in der Atmosphäre der Sonne ein großer Teil derjenigen Grundstoffe im dampfförmigen Zustande leuchtet, die wir auch auf der Erde kennen.

Im Zusammenhang mit diesem letzteren Ergebnis gelang es mittels der neuen Methode, eine Erscheinung aufzuklären, die man am bequemsten bei Gelegenheit einer totalen Sonnenfinsternis beobachten kann, die sogenannten Sonnenprotuberanzen. In den kurzen Minuten, während welcher die dunkele Mondscheibe den Sonnenkörper abblendet, entdeckt man in der Regel schon mit freiem Auge kleine Hervorragungen oder auch ganz isolierte Fleckchen von roter Farbe in der Nähe des Mondrandes, die beim weiteren Fortrücken des Mondes durch ihn verdeckt werden, also der Sonne angehören müssen. Die Farbe dieser Sonnenwolken, deren wahre Größe die der Erdkugel übertreffen kann, ist dieselbe, wie die des Lichtes von leuchtendem Wasserstoffgas; das Spektroskop zeigt, daß sie aus den drei für den Wasserstoff charakteristischen Linien im Rot, Grün und Blau zusammengesetzt ist. Wir haben demnach in den Protuberanzen Massen leuchtenden Wasserstoffgases vor uns, die der Sonnenkörper hier und da aus seinem Inneren ausstößt.

Während einer totalen Sonnenfinsternis im Jahre 1868 bemerkte der französische Astronom Janssen, daß neben den genannten farbigen Linien des Wasserstoffs noch eine vierte von gelber Farbe in dem Spektrum einer Protuberanz hervortrat. Das gelbe Licht war dem des glühenden Natriumdampfes sehr ähnlich, aber mittels des Spektralapparates unzweifelhaft davon zu unterscheiden.

Im Vertrauen auf die Zuverlässigkeit der spektralanalytischen Methode zögerte der englische Astronom N. Lockyer nicht, auf Grund der Janssenschen, auch

anderweit bestätigten Beobachtung das Vorhandensein eines
neuen Elementes in den Protuberanzen und der Sonnen-
atmosphäre anzunehmen, dem er den Namen Helium, nach
seinem bis dahin einzigen Fundorte, der Sonne, beilegte.

Es ist begreiflich, daß die Chemiker und Physiker
gespannt darauf waren, ob es ihnen beschieden sein würde,
diesen Sonnenstoff einmal in die Hände zu bekommen, um
so mehr, da er auch auf manchen anderen Fixsternen, wie
aus der Analyse ihres Lichtes hervorging, in Menge vor-
handen sein mußte. Aber die Erde schien bei der Ver-
teilung dieses Elementes leer ausgegangen zu sein, in
keinem irdischen Material konnte es, das doch so leicht an
seinem Licht erkennbar sein mußte, mit Sicherheit nachgewiesen werden. Es vergingen 26 Jahre, bis ein Schritt
vorwärts getan wurde.

Seit den Tagen Scheeles und Priestleys hatte es als
richtig gegolten, die atmosphärische Luft, abgesehen von
ihrem Gehalt an Wasserdampf und Kohlendioxyd, für ein
Gemisch der beiden Gase Sauerstoff und Stickstoff zu halten.
Entzieht man einer trockenen, von Kohlendioxyd befreiten
Luftmenge von 100 Litern den Sauerstoff durch chemische
Mittel, so bleiben etwa 79 Liter eines Gases übrig, das
man als reinen Stickstoff ansah. Diese Meinung erwies
sich als irrig; dem englischen Physiker Lord Rayleigh
gelang es im Verein mit dem Chemiker Ramsay, im Jahre
1894 aus diesem atmosphärischen Stickstoff ein fremdes
Gas abzuscheiden, das etwa 1 Proz. von ihm ausmacht. Es
wurde als ein neues Element erkannt und erhielt von seinen
Entdeckern den Namen Argon.

Wie jede naturwissenschaftliche Entdeckung, so führte
auch diese sofort zu neuen Aufgaben. Stickstoff war nicht
nur als Bestandteil der atmosphärischen Luft bekannt,
sondern kam auch angeblich in manchen Mineralien vor,
deren sonstige chemische Beschaffenheit dies wenig wahrscheinlich machte. Hatte sich unter dem atmosphärischen
Stickstoff ein neues Element verborgen halten können, wie

*

verhielt sich in dieser Beziehung der aus Mineralien ge-
gewonnene?

Zu den anscheinend stickstoffhaltigen mineralischen
Körpern gehörten die Erze eines seltenen Metalles, des
Urans. Besonders von dem Clevëit, einer Art Uranpecherz,
war es bekannt, daß er beim Auflösen in Säuren eine
reichliche Menge Gas entwickelte. Es wurde in den Ana-
lysen des Minerals als Stickstoff aufgeführt, nicht etwa,
weil seine chemische Natur direkt festgestellt war, sondern
weil alle sonst bekannten Gase außer Stickstoff sicher nicht
damit identisch sein konnten.

Als Ramsay im Jahre 1895 dieses Gas aus Clevëit
zum Zweck einer Prüfung auf einen Gehalt an Argon her-
stellte und von allen sonstigen bekannten Beimengungen,
wie Wasserstoff, Stickstoff, Sauerstoff und Kohlendioxyd
auf chemischem Wege reinigte, behielt er einen Rest übrig,
und als er diesen in ein Geisslersches Rohr überführte und
durch den elektrischen Strom zum Leuchten brachte, strahlte
ihm das auf der Erde bislang vergeblich gesuchte Licht
des Heliums entgegen. So wurde dieser in den Sonnenprotuberanzen und den Atmosphären der Fixsterne zuerst
wahrgenommene Stoff als ein, wenn auch seltener, Bestandteil unserer eigenen Erde erkannt.

Aber die Uranerze bargen noch eine weit größere
Überraschung. Zwei Jahre nach der Gewinnung des Heliums
durch Ramsay entdeckte Henri Becquerel an dem Uran
die schon anfangs erwähnte, völlig rätselhaft anmutende
Eigenschaft, ohne äußere Veranlassung Strahlen auszusenden,
die einige Ähnlichkeit mit den kurz vorher von Röntgen
gefundenen aufwiesen. Die weitere Forschung auf dem
von ihm eröffneten Wege führte Herrn und Frau Curie und
Herrn Bémont zu der allgemein bekannt gewordenen Entdeckung des Radiums. Auch dieses, mit ungemein viel
stärkerem Strahlungsvermögen als das Uran ausgestattete
Element wird ausschließlich aus denselben Erzen wie jenes,
dem Clevëit und verwandten Mineralien, gewonnen. Mit

beiden Elementen im Zusammenhang steht eine Reihe von
19 anderen inzwischen aufgefundenen, die alle selbststrahlend,
radioaktiv, sind und alle in den Uranerzen als ihren natür-
lichen Fundstellen vorkommen. Und mit dieser zahlreichen
Familie selbststrahlender Elemente vergesellschaftet das
Sonnengas Helium! Sollte es Zufall sein, daß diese Gruppe
merkwürdigster Stoffe sich gerade mit dem Helium in
jenen seltenen Erzen zusammen vorfindet?

Die Phantasie, und diese hat in der Wissenschaft
dieselbe fördernde Kraft wie in der Kunst, ist bereit, einen
inneren Zusammenhang in solchen Fällen anzunehmen, nur
fällt ihr in der Wissenschaft auch die Verpflichtung zu,
einen Weg zu ersinnen, der zur völligen Gewißheit führt.

Am einfachsten durch den Versuch zu prüfen war der
Gedanke, daß das Helium als eine Art Zersetzungsprodukt
aus den radioaktiven Körpern selbst gebildet würde. So
sehr eine solche Vorstellung den überkommenen Begriffen
von der Unveränderlichkeit des chemischen Elementes
widersprach, durch die Theorie von E. Rutherford und
Fr. Soddy, nach der die Radioaktivität eben nichts weiter
als eine den Übergang eines Elementes in ein anderes be-
gleitende Erscheinung bildete, wurde sie in den Bereich
der Möglichkeit gerückt.

Nachdem Ramsay zuerst die Entstehung von Helium
aus der Radiumemanation, einem von dem Radium dauernd
abgegebenen radioaktiven Gase, nachgewiesen hatte, ge-
staltete sich die spätere Versuchsanordnung sehr einfach.
Eine nicht zu kleine Menge eines Radiumpräparates wird
in eine Seitenkammer eines Geisslerschen Rohres eingeschlossen, das man mit den besten Hilfsmitteln, die die
neuere Technik zu Gebote stellt, luftleer macht. Es ist
leicht zu erreichen, daß ein elektrischer Strom hoher
Spannung, eben wegen des Mangels an materiellen Trägern,
das Rohr nicht mehr passieren kann. Wartet man aber
einige Monate oder Jahre, indem man das Rohr mit dem
eingeschlossenen Radium sich selbst überläßt, und schließt

es dann wieder an eine elektrische Stromquelle an, so zeigt sich nun, daß die Leitung erfolgt. Das Rohr hat sich inzwischen mit einem Gase gefüllt, das durch die elektrische Entladung zum Leuchten kommt, sein Licht verrät, daß dies Gas Helium ist.

Nicht nur an dem Radium und seiner Emanation, auch an anderen radioaktiven Elementen, z. B. dem Uran, dem Ionium, läßt sich diese Bildung von Helium beobachten. Das Vorkommen dieses Gases in den Uranerzen war damit aufgeklärt.

Schwieriger dagegen war es, den Zusammenhang der Heliumentwickelung mit der Strahlung aufzudecken, die von den radioaktiven Stoffen unausgesetzt entsandt wird.

Bekanntlich hat sich diese viel weniger einfach erwiesen, als man anfangs nach ihrer Ähnlichkeit mit den Röntgenstrahlen erwarten konnte. Wir wollen uns hier auf zwei von den vier Strahlentypen, die man an radioaktiven Körpern unterschieden hat, beschränken. Die eine Art ist tatsächlich den Röntgenstrahlen sehr nahe verwandt und gleich ihnen mit großem Durchdringungsvermögen ausgestattet. Man hat sie wahrscheinlich als eine besondere Gattung von Licht aufzufassen, wie dieses sind sie nicht eigentlich materieller Natur, man bezeichnet sie als γ-Strahlen. Von ihnen unterscheidet man die α-Strahlen, von viel geringerer Durchdringungsfähigkeit. Man kann diese durch elektrische und magnetische Kräfte aus ihrer ursprünglich geradlinigen Richtung abbiegen und aus der Größe der Ablenkung und der dazu erforderlichen Kräfte schließen, daß sie nichts anderes sind, als sehr kleine positiv elektrische Stoffteilchen, die sich mit der ungemein großen Geschwindigkeit von 15000 bis 20000 km in der Sekunde fortbewegen.

Nun hat die Erfahrung der letzten Jahre es mehr als wahrscheinlich, fast gewiß, gemacht, daß die elektrische Eigenladung keines noch so kleinen Körpers unter ein gewisses Maß herabsinken kann, das man als das elektrische

Elementarquantum bezeichnet. Es ist dies die letzte, die kleinste Einheit, in der wir elektrische Ladungen messen können, etwa wie wir den Pfennig als das unveränderliche kleinste Maß haben, um sowohl die winzigsten wie die größten Kapitalien darin auszudrücken.

Nehmen wir zunächst willkürlich an, daß die elektrische Ladung jedes einzelnen α-Teilchens. eben diese letzte elektrische Scheidemünze, das Elementarquantum sei, so können wir aus den erwähnten Ablenkungsversuchen berechnen, daß seine Masse, d. h. sein Gewicht, 3,3 quadrilliontel Gramm betragen müßte. Diese Zahl ist das Doppelte desjenigen Gewichtes, das man für das einzelne Atom des Wasserstoffgases berechnet hatte, indem man die Hypothese von der molekularen Struktur der Gase zugrunde legte.

Ein Element, dessen Atom gerade das Doppelte des Gewichtes von dem des Wasserstoffs haben müßte, kennt die Chemie nicht. Dürfen wir aber annehmen, daß jedes einzelne α-Teilchen das doppelte elektrische Elementarquantum als Ladung trägt, so berechnet sich sein Gewicht ebenfalls doppelt so groß als vorher. Dann wäre das „Atom"gewicht des α-Teilchens das vierfache von dem des Wasserstoffs. Ein Element dieser Art ist bekannt, nämlich das Helium. So legten die experimentellen Untersuchungen über die Ablenkung der α-Strahlen durch elektrische und magnetische Kräfte die Folgerung nahe, daß die α-Strahlen der radioaktiven Stoffe nichts anderes als mit dem doppelten Elementarquantum positiv geladene Atome des Heliums sein könnten; die wirklich beobachtete Entstehung des Heliums aus jenen Stoffen hat begreiflicherweise diesem Gedankengange die Richtung gegeben.

Wir sind jetzt an der Stelle angelangt, wo die Hoffnung, einen Blick in das Spiel der Atome selbst zu tun, eine unvorhergesehene Ermutigung erfährt.

Ein einzelnes, ruhendes Heliumatom zu sehen, diese Erwartung haben wir zwar aufgegeben, aber ein Heliumprojektil, ein einzelner α-Strahl, könnte vielleicht Wirkungen haben, die dem Auge wahrnehmbar sind.

Tatsächlich war ja bekannt, daß die α-Strahlen der radioaktiven Elemente, wie die übrigen unsichtbaren Strahlengattungen, sichtbare Lichterscheinungen hervorrufen können, wenn sie gewisse kristallinische Stoffe treffen; man macht ja auch den Röntgenstrahlen gegenüber in den sogenannten Leuchtschirmen davon Gebrauch. Eine zur Erkennung der α-Strahlen sehr geeignete Substanz ist z. B. die mit einer Spur Kupfer versetzte kristallinische Verbindung des Zinks mit dem Schwefel; sie läßt sich zu einem weißgelben Pulver zerreiben und nach Art eines Farbstoffes auf Kartonflächen auftragen. Nähert man einem solchen Leuchtschirm aus Zinksulfid im dunkeln Raume ein Radiumpräparat, so strahlt er in lebhaft blaugrünem Lichte auf. Schiebt man zwischen Leuchtschirm und Radium eine Metallplatte ein, so wird das Licht fast unmerklich, da jetzt nur noch die durchdringenden γ-Strahlen zu dem Schwefelzink gelangen können. Es sind eben gerade die α-Strahlen, d. h. die von der Theorie mit einiger Wahrscheinlichkeit geforderten Heliumprojektile, die das hellste Leuchten erregen.

Die Lichtentwickelung, die von einem starken Radiumpräparat ausgeht, ist so lebhaft, daß man Einzelheiten kaum darin unterscheiden kann.

Anders dagegen wird der Anblick, wenn man äußerst verdünnte radioaktive Stoffe anwendet.

Elster und ich haben das Glück gehabt, diese neue Erscheinung, als sie noch unbekannt war, zu beobachten; sie wurde fast zu gleicher Zeit von Crookes in England gefunden, der sie vor uns bekannt machte.

Ich muß, um im folgenden verständlich zu bleiben, einschalten, daß das Radium zwar in sehr geringer Gesamtmenge auf der Erde vorkommt, aber in höchster Verdünnung fast in allen Rohmaterialien, dem Erdboden, den gewöhnlichen Felsarten, also auch in den Bausteinen der Häuser, enthalten ist. In der Luft, die wir atmen, noch mehr aber in derjenigen, die in den Poren des Erdreiches und in unterirdischen Räumen eingeschlossen ist, finden sich Spuren eines radioaktiven Gases, der schon erwähnten Radiumemanation und winzige Mengen anderer radioaktiver Elemente, die aus ihr hervorgehen. Es gibt ein Verfahren, diese in der Luft schwebenden Spuren radioaktiver Materie auf die Oberfläche beliebiger Körper zu bannen, sie gewissermaßen einzufangen, wie man Fliegen auf Klebstoffen anleimt; es beruht darauf, daß jene Stoffe positiv elektrisch geladen sind, also von negativ elektrisierten Körpern angezogen werden.

Wir führten in eine sehr große Glocke aus Eisenblech, die mit ihrer unteren offenen Seite in die Erde gegraben war, eine Rolle aus Karton ein, die einen Überzug von Schwefelzink trug. Indem wir die Rolle durch Anschluß an eine elektrische Batterie negativ aufluden, fingen wir auf ihrer Oberfläche die radioaktiven Stoffe auf, die dem Erdboden entstammten. Dann wurde sie in ein völlig dunkeles Zimmer gebracht.

Aus einiger Entfernung betrachtet, zeigte sich an'dem Schwefelzink ein äußerst schwaches Leuchten, hervorgerufen durch die Strahlen der unendlich fein darauf zerteilten radioaktiven Materie. In der Nähe gesehen, am besten mit Hilfe einer Lupe, löste sich dies scheinbar flächenhafte Licht in eine Unzahl feinster Lichtpünktchen auf, die hier und da aufblitzten, um sofort wieder zu verschwinden. Die Erscheinung ist, eben durch diesen stetigen Wechsel, ungemein reizvoll; sie erinnert an den Anblick, den ein Nebelfleck am Himmel, der in Wirklichkeit eine Sternwolke darstellt, gewährt, wenn man ihn durch ein Fernrohr von großer raumdurchdringender Kraft betrachtet.

Mit überzeugender Gewalt drängte sich der Gedanke auf, daß überall da, wo ein Lichtpunkt aufblitzte, sich die Energie eines einzelnen radioaktiven Atomes bemerklich gemacht hatte. Leicht erkennt man, daß es allein die α-Strahlen sind, die dies funkelnde Leuchten des Schwefelzinks erregen; eine minimale Spur von Radium, einem Leuchtschirm aus Schwefelzink gegenübergehalten, läßt zahllose Lichtpunkte aufblitzen, sie verschwinden sofort, sobald man die α-Strahlen durch ein eingeschaltetes Hindernis, etwa ein Papierblatt, abfängt.

Wir erinnern uns, daß die α-Strahlen materieller Natur sein sollten, wahrscheinlich Atome von Helium, die sich mit $1/_{20}$ der Lichtgeschwindigkeit bewegten.

Wäre es möglich, daß jene Lichtpünktchen nichts anderes als die Einschlagstellen bezeichneten, wo die Heliumatome das Schwefelzink trafen? Auch ein Schrotkorn, das aus einiger Höhe auf einen Kristall von Schwefelzink fällt, läßt die getroffene Stelle aufleuchten. Freilich ist das Verhältnis der Masse eines solchen Bleikügelchens zu der eines Heliumatomes ungeheuer groß, aber die Wucht des Aufpralles hängt außer von der Masse in noch höherem Grade von der Geschwindigkeit der Bewegung ab. Diese beträgt aber bei dem α-Strahl etwa das 20000fache von der Maximalgeschwindigkeit, die wir einem Geschosse mitzuteilen vermögen. Eine rechnungsmäßige Abschätzung der theoretisch in einem einzigen α-Strahl zur Verfügung stehenden Wucht führt zu dem Ergebnis, daß es möglich sein müßte, die aus dem Stoße hervorgehende Lichtentwickelung zu sehen, wenn auch nur 1 Proz. der Bewegungsenergie in sichtbares Licht verwandelt würde. Unser Auge ist eben ein wunderbar empfindliches Werkzeug; es würde uns befähigen, in diesem Falle wirklich die Einschlagstelle des Atomprojektiles wahrzunehmen.

Steht somit der Annahme, daß die funkelnde Lichterscheinung am Zinksulfid eine unmittelbare Stoßwirkung bewegter Heliumatome sei, ein physiologisches Bedenken nicht entgegen, so läßt sich andererseits zeigen, daß sich durch Aufspeichern der zu Ruhe gekommenen α-Projektile in der Tat nachweisbare Mengen von Helium ansammeln lassen.

Die Entstehung von Helium aus radioaktiven Stoffen war ja unzweifelhaft festgestellt. Es blieb noch übrig, zu zeigen, daß es sich dabei nicht um eine Gasentwickelung gewöhnlicher Art handelte, etwa so, wie Kohlendioxyd aus einem Gemisch von Kalkstein und Säuren entbunden wird, sondern daß das Helium in den α-Strahlen selbst mit großer Gewalt ausgeschleudert wird.

Man kann leicht die Wände eines Glasrohres so dünn machen, daß sie für α-Strahlen durchlässig werden, während sie für Gase nach wie vor ein undurchdringliches Hindernis bilden. Füllt man das Rohr mit einem kräftig radioaktiven Stoffe an, der α-Strahlen aussendet (Rutherford benutzte zu diesem Zwecke die Radiumemanation), so gelangen diese zum Teil durch die Glaswand nach außen, während alle anderen materiellen, auch die flüchtigsten Substanzen zurückgehalten werden. Haftet nun das Helium untrennbar an den α-Strahlen, so muß seine Gegenwart sich außerhalb des Rohres nach einiger Zeit nachweisen lassen. Tatsächlich ist dies der Fall, und je länger die verflossene Zeit, um so größer sind die Mengen von Helium, die durch die dünne Glaswand hindurch zugleich mit den α-Strahlen getrieben werden.

Das Material der Geschosse, die das Radium und die α-strahlenden Elemente überhaupt nach allen Richtungen hervorsprühen lassen, ist also unzweifelhaft das Helium.

Aber bei einem ordnungsmäßig verlaufenden Scheibenschießen genügt eine bloße Kontrolle des Materials, mit dem geschossen wird, noch nicht. Gewiß, wenn wir mit Blei schießen, so erwarten wir, daß am Kugelfange Blei gefunden wird, verlangen aber zugleich, daß die aufgelesene Menge der Geschosse übereinstimmt mit der am Schützenstande abgegebenen Zahl der Schüsse. Soviel α-Strahlen, wie ein radioaktiver Stoff in einer bestimmten Zeit aussendet, soviel Atome von Helium müssen in Freiheit gesetzt sein.

Auch diese Probe kann erbracht werden.

Durch unmittelbare Messungen ist festgestellt, wieviel Gramme Radium dazu gehören würden, in einem Jahre einen Kubikzentimeter Heliumgas zu liefern (es wären beiläufig $6\,^{1}/_{8}$ g erforderlich). Wir haben nun noch zu ermitteln, wieviel einzelne α-Strahlenschüsse von dieser Menge Radium in der angenommenen Zeit abgegeben werden. Selbstverständlich ist die wirkliche Zählung der Gesamtmenge unausführbar, ebensowenig, wie wir die Körner in einem Kubikmeter Sandes einzeln zählen können. Aber wie es im letzteren Falle genügt, einige Kubikmillimeter mehrmals mit größter Genauigkeit auszuzählen und den durchschnittlichen Betrag mit 1000 Millionen zu multiplizieren, so werden wir auch von der berechneten Radiummenge einen kleinen noch genau bestimmbaren α-strahlenden Bruchteil abgrenzen und die Anzahl der Lichtpünktchen zählen, die infolge seiner Strahlung etwa im Laufe einer Stunde durchschnittlich auf einem Schwefelzinkkristalle aufleuchten. Berücksichtigen wir auch noch die Anzahl der Schüsse, die fehlgehen müssen, insofern der Kristall nicht in ihrer Flugbahn liegt, und rechnen wir die gefundene Menge auf das Jahr und die erforderliche Gesamtmasse ($6\,^{1}/_{8}$ g) des Radiums um, so erhalten wir offenbar die Anzahl der Atome des in gleicher Zeit entwickelten einen Kubikzentimeters an Heliumgas.

Verbinden wir mit diesen Zählungen noch die Messung der elektrischen Ladung, die von einer bestimmten Zahl von α-Teilchen übertragen wird, so können wir den Betrag der durchschnittlichen Ladung eines einzelnen ebenfalls berechnen.

Nun hatte schon lange vor dem Bekanntwerden der radioaktiven Erscheinungen, im Jahre 1865, der Wiener Physiker Loschmidt ein Verfahren gefunden, mittels dessen sich allein auf der Grundlage der Molekulartheorie der Gase die in einem Kubikzentimeter eines Gases von der Temperatur 0^0 und bei Atmosphärendruck enthaltene Anzahl von Molekülen berechnen läßt. Neuere, ebenfalls von der Radioaktivität ganz unabhängige Methoden haben die alten Rechnungen bestätigen und verbessern helfen, sie ergaben als zuverlässigsten Wert jener Loschmidtschen Zahl 27 Trillionen. Bei bestimmten physikalischen Eigenschaften des Gases, die für das Helium zutreffen, müssen diese kleinsten Teilchen mit den Atomen identisch sein.

Wir stellen nun das hochbefriedigende, auch den durch Erfolge mancher Art verwöhnten Theoretiker fast märchenhaft anmutende Ergebnis fest, daß die Zählungen der α-Teilchen mittels der Methode der Lichtfünkchen (ausgeführt von Rutherford und Geiger, sowie von Regener) zu ebenderselben Zahl für die in einem Kubikzentimeter Heliums enthaltene Anzahl von Atomen geführt haben.

Die elektrische Ladung des einzelnen α-Teilchens ergibt sich zugleich als das doppelte Elementarquantum der Elektrizität, und dadurch ist nachträglich die Annahme gerechtfertigt, die in Verbindung mit der Ablenkung der α-Strahlen durch elektrische und magnetische Kräfte zu dem Atomgewicht 4 für das α-Teilchen geführt und seine Übereinstimmung mit dem Heliumatome nahegelegt hatte.

Die Beweisführung ist hiermit geschlossen; die α-Teilchen sind in Wirklichkeit einzelne positiv elektrisch geladene bewegte Heliumatome, es ist möglich, wie behauptet war, unter bestimmten Bedingungen, nämlich in dem Lichtpünktchen auf dem Zinksulfidschirme ein Atom als Einzelwesen wirksam zu sehen.

Zugleich ist die atomistische Struktur des Heliumgases physikalisch erwiesen. Da aber alle Gase in ihrem Verhalten gegenüber Druck- und Temperaturveränderungen im wesentlichen übereinstimmen, so gilt der gleiche Schluß allgemein für den gasförmigen Zustand. Nun ist dieser von dem flüssigen Zustande bei bestimmten Beträgen des Druckes und der Temperatur durch kein Mittel zu unterscheiden, und auch zwischen Flüssigkeiten und starren Körpern gibt es keine grundsätzlich scharfen Unterscheidungsmerkmale.

Darnach fordert die Erfahrung von uns die Annahme einer diskontinuierlichen Beschaffenheit des Stoffes überhaupt.

Der Wert der in kurzen Zügen dargestellten und auf das Allerwesentlichste beschränkten Bestätigung der alten Lehre von den Atomen mittels der neuen Methoden, die uns die Radioaktivität zu Gebote gestellt hat, liegt darin, daß sie anschaulich und dadurch unmittelbar einleuchtend ist. Es wäre verkehrt, von der Macht der Anschaulichkeit geringschätzig zu denken, wenigstens wenn wir die Ergebnisse der Wissenschaft nicht als Reservat der Fachleute, sondern als Gemeingut aller Gebildeten betrachtet wissen wollen.

Ein kurzer Hinweis auf ein anderes Gebiet der Naturwissenschaft möge dies deutlicher machen.

Der Mensch wollte die Bewegung der Himmelslichter verstehen lernen und schuf sich zu diesem Zwecke Theorien, in denen zunächst die Unbewegtheit der Erde als selbstverständlich vorausgesetzt wurde. Es war ein verzweifelter Kampf um ein unerreichbares Ziel, den die alten Astronomen führten. Erst Kopernikus und Keppler zeigten den gangbaren Weg, indem sie die Erde selbst unter die Klasse der Planeten verwiesen, die in elliptischen Bahnen um die Sonne laufen.

Wie uns, um an eine moderne Erfahrung anzuknüpfen, bei der nächtlichen Einfahrt in einen Bahnhof die vielen Lichter, gleichgültig, ob sie festen Signalen angehören oder von anderen fahrenden Zügen getragen werden, ob sie uns nah oder fern sind, in verwirrender Regellosigkeit durcheinanderzulaufen scheinen, so verschieben sich auch die gleich unserer Erde kreisenden Planeten von ihr aus gesehen unter sich und gegen den fernen Hintergrund der Fixsterne in höchst zusammengesetzter Weise. Aus der kombinierten Bewegung der Erde und der Planeten läßt sich nach Kopernikus dieser verwickelte Lauf in einfachster Weise übersehen und der Ort jedes Planeten für einen gegebenen Zeitpunkt im voraus berechnen.

Die Lehre des Kopernikus ist eine wissenschaftliche Theorie, die einen jeden, der in astronomischen Vorgängen erfahren und vorurteilsfrei genug ist, wegen ihrer Leistungsfähigkeit innerhalb der Grenzen dieser Fachwissenschaft überzeugt. Anders wird ihr zunächst der nicht fachmännisch Gebildete gegenüberstehen. Was für einen Vorteil für meine Auffassung der Natur bietet es mir, so urteilt er vielleicht, um eine verwickelte Bewegung einiger heller Punkte am Himmel vorhersagen zu können, zu diesem Zwecke die Erde, von deren Unbewegtheit ich überzeugt zu sein glaube, sich mit 30 km Geschwindigkeit durch den Weltraum wälzen zu lassen und so eine unerklärte Erscheinung, die mich kaum berührt, durch eine Annahme erklärlich zu machen, die mir das Unwahrscheinlichste zumutet? Die überraschendsten Vorhersagungen des Planetenlaufs auf Grund der Lehre des Kopernikus würden an dieser ablehnenden Haltung wenig ändern können.

Zeigt man aber dem Zweifler an einem guten Fernrohr den Anblick der Nachbarplaneten der Erde, die Landkarte der Marsoberfläche, die Phasen der Venus, die Monde des Jupiter, erlebt er den Fall eines Meteorsteines, der mit kosmischer Geschwindigkeit in die Erdatmosphäre einbricht, sieht er gar, wie die Erddrehung in dem Kreiselkompaß praktisch verwertet wird, um die zur Erdachse parallele Richtung ohne Magnetnadel an jedem Orte festzustellen, dann muß er inne werden, daß greifbare Wirklichkeit in der Theorie des Kopernikus steckt. Jetzt wird er sie als eine auch für ihn erwiesene Tatsache in sein Weltbild aufnehmen.

Die Atomtheorie ist an demselben Punkte angelangt. Seit Demokrits Zeiten eine wissenschaftliche Hypothese, ist sie zugleich mit dem Wachstum der Chemie und Physik fester und fester begründet, so daß sie schon im vergangenen Jahrhunderte als fast erwiesen gelten konnte. Jetzt ist sie in das Stadium der unmittelbaren Erfahrungstatsache getreten. Wir können die Vorstellung nicht mehr aufgeben daß die Körperwelt aus kleinsten, aber nicht unendlich kleinen Einzelwesen zusammengesetzt ist.

Das Atom der neueren Physik und Chemie ist kein Phantasiegebilde, es ist nicht etwa nur die Bezeichnung einer unteren Grenze, über welche die Erforschung der Welt nicht hinausdringen kann, es ist vielmehr selber ein Gegenstand wissenschaftlicher Untersuchung geworden. Auch die hierin liegende unermeßliche Erweiterung des menschlichen Forschungsgebietes erkennt man am deutlichsten an dem Beispiel der radioaktiven Vorgänge.

Um auch hiervon in aller Kürze noch eine anschauliche Vorstellung zu gewinnen, erinnern wir uns, daß wir vorhin die α-Teilchen, d. h. die von den radioaktiven Stoffen ausgestrahlten positiv elektrischen Heliumatome, mit Geschossen verglichen haben. Zu einem Geschosse gehört aber auch ein Geschütz, dies ist in unserem Falle das Atom des radioaktiven Elementes, von dem das Heliumatom abgeschleudert wird. Wie ein wirkliches Geschütz, etwa ein Maschinengewehr, eine Reihe von Schüssen automatisch nacheinander abgeben kann, so strahlt auch das Atom des Radioelementes eine Folge von Heliumatomen aus, nur daß hier ein jeder Schuß, der ja mit einer Gewichtsverminderung des Atomgeschützes verbunden ist, eine Änderung der physikalischen und chemischen Eigenschaften des Elementes nach sich zieht. So geht das Radium selbst nach Verlust eines Heliumatomes in ein Gas über, die schon genannte Radiumemanation, diese ihrerseits in einen festen Körper, bis nach 6maligem Abschleudern desselben Geschosses und stetem Wechsel der chemischen Natur die Munition erschöpft und das Atom beständig geworden ist. Erwähnt mag noch werden, daß neben den scharfen Schüssen mit Heliumatomen auch solche mit Platzpatronen vorkommen, Schüsse, in denen allein reine Elektrizitätsladungen, ohne Beigabe des materiellen Heliumatomes, verfeuert werden, die sogenannten β-Strahlen.

Schon dieser Vergleich läßt erkennen, welch ein ungemein zusammengesetztes Gebilde ein Radiumatom sein muß. Wie weit bleibt hier der ursprüngliche Begriff des Atoms, den der schematisierende Menschengeist erfand und der in dem eigentlichen Wortsinne sich ausdrückt, hinter der Wirklichkeit zurück! Aber noch wunderbarer wird das Bild, wenn wir uns vergegenwärtigen, daß für das Tempo des Feuerns der einander ablösenden Atombatterien ganz bestimmte Gesetze gelten.

Stellen wir uns vor, wir hätten von dem Radium und allen aus ihm hervorgehenden Elementen je 10000 Millionen Atome zur Verfügung und könnten die Schüsse zählen, die von diesen in jeder Minute abgegeben werden. Für das reine Radium fänden wir dann sechs Schüsse, für die Radiumemanation 1 Million, für das nächste Produkt 2100 Millionen usw., für das letzte, das Polonium, 35000 Schüsse. Jedes radioaktive Element hat so eine bestimmte Umwandlungszahl, die angibt, welcher Prozentsatz der augenblicklich vorhandenen Atome in einer Minute durch Abschleuderung eines scharfen (α) oder eines blinden (β) Schusses in ein Atom des nächstfolgenden Elementes übergeht.

Je schneller das Tempo des Feuerns, um so größer ist die Anfangsgeschwindigkeit des Heliumprojektils.

Es liegt völlig außerhalb unserer Macht, dieses Tempo durch äußere Einflüsse, etwa Erhitzung, elektrische Kräfte, Bestrahlung, zu ändern. Welches Atomgeschütz gerade an der Reihe ist, seinen Schuß abzugeben, das können wir mit keinen Mitteln erkennen; innerhalb jeder der einzelnen Batterien scheint es uns dem reinen Zufall anheimgegeben zu sein. Da aber äußere Einwirkungen völlig machtlos sind, so muß dieser Zeitpunkt durch die innere Beschaffenheit des Atoms selbst von Anfang seiner Existenz an festgelegt sein.

So verraten uns die radioaktiven Vorgänge etwas mehr von der Natur der Atome, als man zuvor ahnen konnte, sie zeigen sie uns auch für ein und denselben Stoff als verschieden, als Individuen, deren jedes eine Geschichte und Sondermerkmale hat, wie jedes Sandkorn auf der Erde, jede Sonne der Milchstraße ein Einzelwesen ist, von seinesgleichen durch bestimmte Eigenschaften unterschieden. Die statistische Betrachtungsweise, mittels der allein man imstande ist, die Mechanik ponderabler Massen aus Atombewegungen abzuleiten, läßt diese individuelle Verschiedenheit der Atome leicht übersehen.

Noch ist es in unanfechtbarer Weise nicht geglückt, trotz Aufbietung aller verfügbaren Mittel, in das innere Getriebe des Atomes ändernd einzugreifen, d. h. willkürlich ein chemisches Element in ein anderes umzuwandeln, oder auch nur, wie bei den Radioelementen, eine schon im Gange befindliche Umwandlung in neue Bahnen zu lenken oder sie rückgängig zu machen. Der Physiker und Chemiker steht diesem Bereiche der Natur noch ebenso gegenüber wie etwa der Astronom dem seinigen, er muß abwarten, wieviel an Gesetzmäßigkeit er aus denjenigen Vorgängen ablesen kann, die sich seiner Beobachtung von selbst darbieten. Der Astronom hat mit solchen Mitteln eine Physik des Himmels zu errichten vermocht, deren Gefüge vorbildlich für die wissenschaftliche Forschung überhaupt geworden ist. Zu einer künftigen Physik des Atomes hat neben der neueren Elektrizitäts- und Strahlungstheorie die Erforschung der Radioaktivität die wertvollsten Bausteine geliefert.

Meine Herren, Sie sind mir geduldig auf einem Zickzackpfade zu einer Art von Aussichtspunkt gefolgt, von dem man in der Ferne das Neuland ahnen kann, dessen Grenze die Physik in den letzten Jahren schon gestreift hat.

Die Gedanken, die ein Fernblick im Gebirge in dem Beschauer wachruft, wurzeln in seiner eigensten Gemütsanlage; es gibt nichts Täppischeres als einen Wegführer, der sich herausnimmt, diesen Empfindungen eine bestimmte Richtung geben zu wollen, und so bleibt mir nichts übrig, als Ihnen für Ihre bereitwillige Gefolgschaft herzlich zu danken.

GPSR Compliance
The European Union's (EU) General Product Safety Regulation (GPSR) is a set
of rules that requires consumer products to be safe and our obligations to
ensure this.

If you have any concerns about our products, you can contact us on

ProductSafety@springernature.com

In case Publisher is established outside the EU, the EU authorized
representative is:

Springer Nature Customer Service Center GmbH
Europaplatz 3
69115 Heidelberg, Germany